Seminar des FA Ultraschallprufung 2021

Konventionalle und innovative Anwendungen der Ultraschallprufverfahren

Berichtsband BB 177

Berlin, Germany
10 – 11 November 2021

ISBN: 978-1-7138-4419-8

Printed from e-media with permission by:

Curran Associates, Inc.
57 Morehouse Lane
Red Hook, NY 12571

Some format issues inherent in the e-media version may also appear in this print version.

Deutsche Gesellschaft Fuer Zerstoerungsfreie Pruefung (DGZfP)
Max-Planck-Str. 6
12489 Berlin
Germany

Phone: +49 30 67807-0
Fax: +49 30 67807-109

mail@dgzfp.de

Additional copies of this publication are available from:

Curran Associates, Inc.
57 Morehouse Lane
Red Hook, NY 12571 USA
Phone: 845-758-0400
Fax: 845-758-2633
Email: curran@proceedings.com
Web: www.proceedings.com

DEUTSCHE
GESELLSCHAFT FÜR
ZERSTÖRUNGSFREIE
PRÜFUNG e.V.

Seminar des FA Ultraschallpüfung

Konventionelle und innovative Anwendungen der Ultraschallprüfverfahren

PROGRAMM | 10./11. November 2021 in Berlin

Das diesjährige Seminar zum Thema „Konventionelle und innovative Anwendungen der Ultraschallprüfverfahren" stellt verstärkt prüftechnische Applikationen in den Vordergrund. Phased-Array-Verfahren spielen hier aufgrund ihrer vielfältigen Prüffunktionalitäten eine große Rolle. Innovative Prüflösungen, nicht zuletzt für komplexe Komponenten und Materialien, basieren unter anderem auf kontaktlosen Verfahren, beispielsweise der luftgekoppelten Ultraschallprüfung. Darüber hinaus bieten Methoden aus dem informationswissenschaftlichen Bereich – die Stichworte künstliche Intelligenz und Augmented Reality seien stellvertretend genannt – neue Möglichkeiten bei der Akquisition und der Auswertung von Ultraschalldaten.
Das Seminar wird durch eine Geräteausstellung begleitet.

Wir freuen uns auf Ihre Teilnahme!

Mittwoch, 10. November 2021

13:00 **Begrüßung**

Einführungsvortrag

Sitzungsleitung: M. Spies

1 **Ergebnisse der CASSE, MUPUS-CASSE und DIM Experimente der Kometen Mission Rosetta** 1
13:15 W. Arnold[1]
[1] Universität des Saarlandes, Saarbrücken

Ultraschallprüfverfahren mittels Phased Array Technik

Sitzungsleitung: H. Rieder

2 **Bindungsprüfung an Verbundgleitlagern im Pumpspeicherkraftwerk mit** 2
14:00 **Phased-Array-Ultraschall**
A. Jüngert[1], S. Berner[1]
[1] MPA Universität Stuttgart

3 **Anwendungen von Phased-Array-Techniken und TFM** 3
14:25 S. Kierspel[1], H. Rast[1]
[1] KARL DEUTSCH Prüf- und Messgerätebau GmbH + Co KG, Wuppertal

14:50 Pause

Ultraschallprüfverfahren mittels Total Focusing Method

Sitzungsleitung: A. Mück

4 **Prüfung von HTHA mit FMC TFM** N/A
15:20 H. Küchler[1]
[1] Olympus Deutschland GmbH, Hamburg

5 **3D-Schweißpunktprüfung mit TFM** 4
15:45 T. Bruch[1]
[1] Waygate Technologies, Hürth

6 **Korrosionsprüfung – Anwendung der Ultraschall Total Focusing Method (TFM)** 5
16:10 H. Ernst[1], F. Bonitz[1]
[1] QuaNDT GmbH, Muntelier, Schweiz

Luftgekoppelte Ultraschallprüfung

Sitzungsleitung: T. Gautzsch

Innovative Anwendungen der Ultraschallprüfverfahren

Sitzungsleitung: S. Dugan

Prüfung komplexer Geometrien/Bauteile

Sitzungsleitung: J. Büchler

15 **Automotive Elektromobilität: Vollautomatische Ultraschallprüfanlage für die Prüfung von** 14
14:00 **Schweißverbindungen an Rotoren von Elektromotoren**
P. Poltersdorf[1], G. Vogt[1]
[1] Vogt Ultrasonics GmbH, Burgwedel

16 **Qualifizierung für die Prüfung an komplexen Geometrien unterstützt durch iMaV-Software** 15
14:25 M. Jahn[1], M. Klotzbücher[1], D. Berchtold[2], A. Weber[1]
[1] Framatome GmbH, Erlangen;
[2] Kernkraftwerk Gösgen-Däniken AG, Däniken, Schweiz

17 **Anwendung eines Luftultraschall Mess- und Prüfsystems für die algorithmische** 16
14:50 **Signalverarbeitung von hochfrequentem Luftschall für die Qualitätskontrolle von komplexen Oberflächenkonturen im Fertigungsprozess**
H. Rieder[1], H. EL-Hajjaji[1]
[1] RD Systemtechnik GmbH, Saarbrücken

18 **Verbesserte Ultraschallprüfung komplex geformter Bauteile durch Eis-Kapselung** 17
15:15 B. Köhler[1], J. Paff[1], M. Barth[1], S. Gartsev[1]
[1] Fraunhofer IKTS, Dresden

15:40 Schlusswort und Ausblick

ANMELDUNG:

Anmeldung bis zum 13. Oktober 2021
unter **www.dgzfp.de/seminar/ultraschall**

GEBÜHREN:

Teilnahmegebühr	430,00 €
Mitglieder der DGZfP	405,00 €
Studierende (bis 30 Jahre) und pers. Mitglieder der DGZfP im Ruhestand	85,00 €

STORNIERUNGSFRISTEN UND -GEBÜHREN

bis **29. September 2021**: 50% der Teilnahmegebühr
ab **30. September 2021**: keine Erstattung möglich
(Eingang DGZfP)

GERÄTEAUSSTELLUNG:

Gebühr: 650,00 € zzgl. TN-Gebühr für Ausstellungsbetreuer

Anmeldung bis zum 20. Oktober 2021

TAGUNGSORT:

Pentahotel Köpenick
Grünauer Straße 1
12557 Berlin
www.pentahotels.com/de/hotels/germany/berlin-koepenick

ORGANISATION

Deutsche Gesellschaft für Zerstörungsfreie Prüfung (DGZfP e.V.) | Steffi Dehlau
Max-Planck-Straße 6
12489 Berlin
Tel.: +49 30 67807-120
E-Mail: tagungen@dgzfp.de

HOTELRESERVIERUNG

siehe Tagungswebseite
Bitte nehmen Sie die Reservierung selbst vor.

Ergebnisse der CASSE, MUPUS-CASSE, und DIM Experimente der Kometen Mission Rosetta

Walter ARNOLD [1]
[1] Universität des Saarlandes, Saarbrücken

Kontakt E-Mail: w.arnold@mx.uni-saarland.de

Kometen sind Überreste der Entstehung des Sonnensystems und bestehen aus Eis, Staub und lockerem Gestein. Sie bildeten sich in den äußeren, kalten Bereichen des Sonnensystems.

Im August 2014 erreichte die ESA Raumsonde Rosetta den Kometen 67P/Churyumov-Gerasimenko. Das Ziel der Rosetta Mission war die Bestimmung physikalischer, chemischer und geophysikalischer Eigenschaften des Kometen. Rosetta hatte die Instrumentenplattform Philae an Bord, die auf 67P am 12. November 2014 landete. Auf Rosetta und Philae wurden je 10 verschiedene Messinstrumente betrieben, darunter auch SESAME (Surface Electric Sounding and Acoustic Monitoring Experiment), welche die Teilinstrumente CASSE, DIM (Dust Impact Monitor) und PP (Permittivity Probe) einschließen. Das Instrument CASSE (Comet Acoustic Seismic Sounding Experiment), das sich in den Landerfüßen befindet, wurde am Fraunhofer IZFP in der Abteilung GR mitentwickelt, in der der Vortragende bis zum Ruhestand fast 27 Jahre tätig war.

Aus den CASSE und DIM Daten und einem weiteren Experiment (MUPUS-CASSE) konnten elastische und Festigkeitsdaten der Kometenoberfläche gewonnen werden. Sie können im Rahmen bekannter Modelle für sehr poröse Materialien verstanden werden. Die Grundlagen dieser Messungen sind zerstörungsfreie Prüfverfahren, die auch in der Geophysik bekannt sind. Eine Zusammenfassung der Ergebnisse ist in Ref. /1/ zu finden.

In dem Vortrag werden die Ergebnisse zu CASSE, MUPUS-CASSE, und DIM vorgestellt. Inzwischen sind weitere Daten zur Festigkeit der Kometenoberfläche aus dem mehrfachen Aufsetzen der Sonde beim Landevorgang von anderen Gruppen abgeleitet worden, die ebenfalls diskutiert werden.

Die Mission ging am 30.9.2016 zu Ende, als der Orbiter auf dem Kometen aufgesetzt wurde. Philae war nur 57 h in Betrieb, weil die Landung nicht wie ursprünglich geplant ablief.

Komet 67P ist im Januar 2022 wieder in Perihel und kann zurzeit mit Teleskopen ab ca. 200 mm Öffnung beobachtet werden.

/1/ W. Arnold, H.-H. Fischer, M. Knapmeyer, and H. Krüger, Jap. J. Appl. Physics 58, SG0801 (2019), https://doi.org/10.7567/1347-4065/ab0bb1 finden.

Bindungsprüfung an Verbundgleitlagern im Pumpspeicherkraftwerk mit Phased-Array-Ultraschall

Anne JÜNGERT [1], Stefan BERNER [1]
[1] MPA Universität Stuttgart, Stuttgart

Kontakt E-Mail: stefan.berner@mpa.uni-stuttgart.de

Kurzfassung

In Wasserkraftwerken kommen an verschiedenen Stellen Verbundgleitlager zum Einsatz. Die Lagerschalen werden in Verbundbauweise aus einem Stützkörper und einem aufgegossenen Lagermetall hergestellt. Die Haftung des Verbundes ist für einen sicheren Betrieb essenziell. Deshalb wird die Haftung der Schichten der Lagerschalen bei den regelmäßig stattfindenden Revisionen zerstörungsfrei überprüft. Entsprechend der Norm wird die Haftungsprüfung über eine Ultraschallhandprüfung durchgeführt. Diese hat den Nachteil, dass die Prüfergebnisse nicht gespeichert werden und eine bildgebende Darstellung nicht möglich ist. Deshalb ist der Vergleich mit vorangegangenen Prüfungen schwierig. Im Folgenden wird eine teilmechanisierte Prüfung von Verbundgleitlagerschalen vorgestellt, die bereits bei einer Revisionsprüfung eingesetzt wurde. Für die Prüfung wird ein Phased Array Prüfkopf verwendet, dessen Schallbündel in die Verbundebene fokussiert. Durch die Teilmechanisierung ist eine bildgebende Darstellung der Haftung möglich.

Anwendungen von Phased-Array-Techniken und TFM

Stefan KIERSPEL [1], Helge RAST [1]
[1] KARL DEUTSCH Prüf- und Messgerätebau GmbH + Co KG, Wuppertal

Kontakt E-Mail: kierspel@karldeutsch.de

Kurzfassung

Innerhalb der manuellen und halbautomatischen Ultraschallprüfung hat sich die Technik des phasengesteuerten Ultraschalls immer mehr Einsatzbereiche erobert. Auch sind viele Prüfungen durch diese Technik erst möglich geworden. Einen vergleichbaren Weg nehmen die sogenannten FMC/TFM Verfahren (Full Matrix Capture/Total Focussing Method). Nicht neu von der Theorie und auch der vereinzelten Verwendung in der Vergangenheit, sind diese Verfahren aber erst durch die Fortschritte der modernen Rechnertechnik und Datenverarbeitung sinnvoll einsetzbar. Im Zusammenspiel mit genauen Positioniereinrichtungen ermöglichen diese Methoden hochauflösende sowie ortsgetreue Prüfungen in Echtzeit. Die vollständige Datenerfassung im Raum gestattet es, selbst mit portablen Geräten, dreidimensionale Darstellungen des Prüfobjektes und dessen Fehlerlagen anzufertigen. Im vorliegenden Vortrag werden einige Beispiele von Anwendungen sowohl mit "klassischem" Phased Array als auch mit TFM vorgestellt.

3D-Schweißpunktprüfung mit TFM

T. Bruch[1]

1 Waygate Technologies, Hürth

Die Total-Focusing-Methode wird bei Ultraschallprüfungen immer beliebter, da sie eine höhere Auflösung und damit eine bessere Auswertung der Reflektor Geometrie, sowie eine größere Abdeckung des zu prüfenden Materials ermöglicht. Die meisten Systeme auf dem Markt verwenden lineare 1D-Arrays, um ein 2D-Bild des zu prüfenden Materials zu erstellen. Eine Volumenprüfung des zu prüfenden Materials ist nur durch eine mechanische Bewegung des Arrays möglich. Um die Einschränkungen von 1D-Arrays zu überwinden, wurde eine fortschrittliche Ultraschall-Testmethode entwickelt, bei der ein 2D-Matrix-Array verwendet wird, mit dem ein vollständiges 3D-Volumen mithilfe der Total-Focusing-Methode geprüft werden kann. Die 3D-Volumenrekonstruktion ermöglicht eine Abdeckung des Prüfvolumens ohne mechanische Bewegung der Sonde und bietet somit die Möglichkeit, die Geometrie von Reflektoren an einem statischen Punkt genau abzubilden. Die Anwendung der Methode für Prüfung an Widerstandspunktschweißungen wird diskutiert, und umfängliche Validierungsmessungen der Prüfmethode zur Prüfung von Widerstandspunkschweißungen im Automobilbereich werden vorgestellt.

Korrosionsprüfung - Anwendung der Ultraschall Total Focusing Method (TFM)

H. Ernst[1], F. Bonitz[1]

1 QuaNDT GmbH, Muntelier, Schweiz

Korrosion ist eine häufige Ursache für Schäden im Anlagenbetrieb. Leckagen an Rohrleitungen und drucktragenden Umhüllungen führen oft zur plötzlichen Freisetzung von Energie mit erheblichen Schäden für Anlage, Umgebung und Personen. Korrosionsprüfungen zielen darauf ab Wanddickenschwächungen, hervorgerufen z.B. durch Lochfraßkorrosion oder strömungsinduzierter Flächenkorrosion, festzustellen und Entscheidungen über Reparatur oder Austausch zu treffen. Korrosionsprüfung mit konventioneller Phased-Array Technik hat in den letzten Jahren zu signifikanten Verbesserungen geführt, da elektronisches Scannen es ermöglicht grössere korrodierte Flächen mit guter Auflösung abzudecken. Bildgebende Ultraschallverfahren basierend auf einer Full Matrix Capture (FMC) Datenaufnahme und dem TFM Rekonstruktionsalgorithmus haben die Fähigkeiten von Phased-Arrays zur Erkennung und Charakterisierung von Defekten nochmals grundlegend verändert. Neue tragbare Phased-Array-Systeme ermöglichen die Anwendung der Total Focusing Method (TFM) in Echtzeit und somit den Einsatz für ZfP Inspektionen in Anlagen und Fabrikhallen. Anhand von Messungen an repräsentativen ferritischen Testkörpern mit künstlichen und realen Korrosionsschäden werden Leistungsfähigkeit sowie Vor- und Nachteile der Total Focusing Method (TFM) für die Korrosionsprüfung analysiert. TFM Ergebnisse werden Phased Array E-scan Ergebnisse gegenübergestellt.

Luftultraschallprüfung in semi- und vollautomatisierten Robotersystemen

M. Kreutzbruck[1], Y. Bernhardt[1], W. Essig[1], I. Solodov[1]

1 Institut für Kunststofftechnik, Universität Stuttgart, Stuttgart

Die Luftultraschallprüfung (ACUT) empfiehlt sich als eine Alternative zur konventionellen UT-Prüfung, wenn einerseits die berührungslose Prüfung oder aber auch die Prüfung mit geringen Prüffrequenzen im Sub-MHz Regime zur Steigerung der Prüfzuverlässigkeit gefordert ist. Wir zeigen am Beispiel der Herstellung von dickwandigen GFK-Vierkantprofilen wie die ACUT zur Bestimmung der Herstellungsfehler als auch der durch Ermüdung erzeugten Schädigung in automatisierten Scanvorrichtungen eingesetzt wird. Für komplexere Bauteilgeometrien gilt es die ACUT auf mehrachsige Robotersysteme zu übertragen. Die hierdurch gesteigerten Freiheitsgrade erzeugen naturgemäß einen höheren Aufwand für das Abscannen einer 3D-Freiformfläche. In Kooperation mit der Boll-Automation GmbH stellen wir einen MRK-Prototypen (Mensch-Roboter-Kollaboration) vor, in dem ein Prüfer den Prüfbereich mittels einer am Roboter montierten taktilen Messtechnik definiert. Die 3D-Trajektorien werden nun seitens des MRK-Roboters durch taktile Abtastung automatisiert erfasst und der Scan mittels des ACUT-Systems im einseitigen Zugang automatisiert durchführt. Neben den klassischen Ansätzen der Transmissionsmessung oder des Slanted Reemission Mode (SRM) im einseitigen Zugang, kann ACUT auch durch resonante Anregung stark schwingender Materialfehler und über unterschiedliche Detektionsansätze visualisiert werden. Hierbei fokussieren wir uns insbesondere auf die berührungslose und direkt bildgebende Erfassung des Luftschalls. Dies gelingt mittels einer akustischen Kamera, welche über 64 Einzelempfänger Materialfehler erfassen kann. Fragen zum Einsatz in der Robotik werden diskutiert. Abschließend stellen wir das derzeitig in Kooperation mit der Firma FILL GmbH im Aufbau befindliche DFG Großprojekt JAMES&MAID aus dem Bereich ZFP-Robotik vor. Hierbei sind zwei auf Luftkissen manövrierbare Roboter auf einer Fläche von über 60 m² frei im Raum positionierbar. Die über Laser sich selbst referenzierenden und kalibrierten Systeme weisen auch bei hohen Lasten und Geschwindigkeiten eine Bahngenauigkeit von annähernd 100µm auf und sind daher für eine Reihe von zfP-Verfahren als vollautomatisiertes Manipulatorsystem zur Prüfung großer Bauteile sehr gut geeignet. Im vorliegenden Fall kommt eine 4-Kanal Luftultraschallanlage der Firma Sonotec GmbH zum Einsatz. Wir berichten über erste Testmessungen.

Schallfeldvermessungen von luftgekoppelten Ultraschallwandlern

Mate GAAL[1], Majid AHMADZADEH[1], Daniel HUFSCHLÄGER[1]
[1] Bundesanstalt für Materialforschung und -prüfung, Berlin

Kontakt E-Mail: mate.gaal@bam.de

Kurzfassung

Zur Charakterisierung von Ultraschallwandlern finden unterschiedliche Methoden und Verfahren Anwendung. Während sich die ISO 22232:2021 verstärkt auf die Charakterisierung von Kontakt- und Tauchtechnikprüfköpfen konzentriert, wird über eine einheitliche Charakterisierung von luftgekoppelten Wandlern noch diskutiert. Durch die unterschiedlichen Herangehensweisen beinhalten Prüfkopf-Datenblätter oft unterschiedliche Prüfkopfparameter und Schallfeldgrößen, was einen direkten Vergleich und eine Applikation im Feld erschwert. So werden bspw. Wandler nach ISO 22232:2021 standardmäßig im Impuls-Echo-Betrieb charakterisiert. Allerdings ist dies nicht auf die in den letzten Jahren entwickelten luftgekoppelten Wandlertechnologien übertragbar, die nur als Sender oder als Empfänger einsetzbar sind. Daher arbeiten aktuell Hersteller, Forschungseinrichtungen und Anwender gemeinsam im Rahmen des Unterausschusses „Luftgekoppelte Ultraschallprüfung" der DGZfP an der Erstellung einer Richtlinie. Diese Richtlinie stellt dabei den Anspruch dar, die bestehende Normung um die luftgekoppelte Prüfung zu erweitern und somit die Vereinheitlichung der Charakterisierung dieser Wandler zu erleichtern.

In diesem Beitrag werden daher verschiedene Methoden der Schallfeldvermessung vorgestellt, untereinander verglichen und ihre Grenzen beschrieben. Abschließend wird auf die besonders herausfordernde Charakterisierung von und mit breitbandigen luftgekoppelten Sendern und Empfängern eingegangen.

Luftultraschall - "Ohne" Koppelmittel zum Prüfergebnis

M. Kiel[1], S. Scheunemann[1], U. Illmann[1], R. Steinhausen[1]

1 Forschungszentrum Ultraschall, Halle

Die Luftultraschallprüfung erfreut sich immer mehr Beliebtheit. Nicht nur der zunehmende Markt an Leichtbaumaterialien sondern auch die Vorteile der koppelmittelfreien Ultraschallprüfung sind hierbei die wesentlichen Treiber dieses Trends. Die Prüftechnik ermöglicht eine schnelle Prüfung von Halbzeugen und auch ganzer Bauteile völlig berührungslos und ohne aufwendige Schutzmaßnahmen, wie sie beispielsweise in der Röntgentechnik zwingend nötig sind. In klassischer Transmissionstechnik werden fehlerhafte Unregelmäßigkeiten zuverlässig detektiert, die sich sowohl nahe der Oberfläche als auch im Volumen des Prüfkörpers befinden. Wie jede Prüftechnik hat auch der Luftultraschall seine besonderen Stärken, aber auch Anwendungen, bei der sie an die Grenzen stößt. Diese Grenzen werden durch die sukzessive Verbesserung der Einzelkomponenten wie Ultraschallwandler, Sende- und Empfangselektronik und Auswertealgorithmen stets verschoben und eröffnen damit immer neue Anwendungsgebiete. In diesem Beitrag geben wir einen Überblick über die Prüftechnik und erläutern an ausgewählten Beispielen die zu erwartenden Prüfergebnisse. Sowohl der Einfluss der Prüffrequenz als auch die Aussagekraft bei unterschiedlichen Datenanalysen werden diskutiert. Dabei werden ebenso die Ultraschallwandler und die eingesetzte Elektronik näher betrachtet, bei denen nach wie vor Optimierungen möglich sind.

Ermittlung der Schallfelder von Ultraschall-Prüfköpfen aus gemessenen Oberflächenanregungen

Dietmar WEBER [1], Nizamettin DENGIZ [1]
[1] Fraunhofer IZFP, Saarbrücken

Kontakt E-Mail: dietmar.weber@izfp.fraunhofer.de

Kurzfassung

Wir stellen ein effizientes Verfahren zur Bestimmung des Schallfeldes eines Ultraschallprüfkopfes (in Luft) vor. Dazu werden die US-Auslenkungen an der Prüfkopfoberfläche mittels eines Laser-Vibrometers gescannt. Diese Oberflächenanregungen dienen als Eingangssignale für eine generalisierte Punktquellensynthese (GPSS), mit der das Schallfeld unter Annahme einer mono-frequenten zeitlichen Anregung in einem kompletten Raumgebiet berechnet werden kann. Im Vergleich zu einer komplexen Simulation beobachtet man nahezu identische Ergebnisse, im Vergleich zu gemessenen Schallfeldern (mittels Lasermikrofon beispielsweise) wird ebenso eine gute Übereinstimmung erzielt mit deutlichen Geschwindigkeitsvorteilen - über den gesamten Prozess gesehen - für die GPSS. Dafür muss insb. in Luft die Dämpfungseigenschaft des Mediums unbedingt berücksichtigt und die originale GPSS entsprechend erweitert werden. Im Folgenden wird das Verfahren mit seinen Vorteilen und Schwierigkeiten näher erläutert.

Einsatz von KI bei der Auswertung von Ultraschallsignalen in einem Inline-UT-System

R.G. Maev[1], R. Kitzmann[2], Y. Oberdörfer[2]

1 The Institute for Diagnostic Imaging Research, University of Windsor, Windsor, Kanada
2 Tessonics Europe GmbH, Frechen

Die zerstörungsfreie Prüfung ist eine etablierte Methode zur Qualitätssicherung im Karosseriebau. Ein wesentliches Verfahren ist die Ultraschallprüfung. Üblicherweise werden die Prüfstücke aus der Linie ausgeschleust und mit mobilen Endgeräten überprüft. Neben bildgebenden Technologien werden in den letzten Jahren auch Inline-Systeme eingesetzt. Diese weisen aber bezüglich Geschwindigkeit, Informationsgehalt und Verlässlichkeit noch Defizite auf. Insbesondere die Aufbereitung und Bereitstellung der Messergebnisse in Quasi-Echtzeit stellt eine große Herausforderung an die Prüfsysteme dar. Durch Fortschritte in aktueller Hard- und vor allem Softwareentwicklung ist es möglich, diese Nachteile auszugleichen. Ein System, bei dem ein KI-basierter Auswertungsansatz erfolgreich demonstriert wurde, ist das RIWA-System der Firma Tessonics. Ein in einer der Schweißelektroden eingebauter Ultraschallprüfkopf sendet kontinuierlich Impulse in den Blechstapel. Die Bildung der Schweißlinse kann aus den Schallreflexionen der Fügepartner direkt beobachtet werden, wobei aufeinanderfolgende A-Bilder zu einem M-Bild kombiniert werden. Wesentliche Qualitätsmerkmale wie der Linsendurchmesser sind über Korrelationen ableitbar. Darüber hinaus können Prozessunregelmäßigkeiten wie Spritzerbildung oder Elektrodenverschleiß detektiert werden. Die Auswertung dieser M-Bilder ist zeitkritisch, da die Ergebnisse noch innerhalb des Prozesstaktes vorliegen müssen. Dieser liegt, abhängig vom Prozess, bei wenigen Sekunden. Maschinelle Unterstützung ist daher unabdingbar. Innerhalb der M-Bilder können für den jeweiligen Schweißprozess charakteristische Muster identifiziert werden. Ein Deep-Learning-Ansatz ermöglicht es, eine künstliche Intelligenz auf deren Erkennung zu trainieren. Durch Verknüpfung der erkannten Muster mit den Ergebnissen der zerstörenden Prüfung lassen sich Entscheidungskriterien für die Schweißpunktqualität ableiten. Anhand dieser Kriterien können die Schweißpunkte direkt nach Abschluss des Fügeprozesses klassifiziert und beurteilt werden.

Möglichkeiten der *Full Waveform Inversion* zur Abbildung in heterogenen Festkörpern

Martin SCHICKERT [1], Ina REICHERT [1], Thomas Oliver STRZELETZ [2], Tom LAHMER [1]
[1] Materialforschungs- und -prüfanstalt an der Bauhaus-Universität Weimar (MFPA Weimar), Weimar
[2] Bauhaus-Universität Weimar, Weimar

Kontakt E-Mail: martin.schickert@mfpa.de

Kurzfassung

Die Ultraschallabbildung von Einzelobjekten in heterogenen Festkörpern wie Beton wird vor allem mit linearisierten Methoden durchgeführt, die auf eine Wellenart beschränkt sind und geometrische Reflexionen und Modenkonversionen vernachlässigen. Dadurch ist die Rekonstruktionsgenauigkeit limitiert, und es können Artefakte induziert werden.

Indem mehr Informationen des vollständigen Wellenfeldes berücksichtigt werden, verspricht die *Full Waveform Inversion* (FWI) eine genauere Abbildung. Das Verfahren vergleicht die gemessenen Signale mit dem Ergebnis der Vorwärtsrechnung des Streufeldes der Signalquelle. Die Verteilung der Materialkennwerte wird iterativ so angepasst, dass die Differenz der berechneten zu den gemessenen Signalen minimiert wird. Durch ein realitätsnahes Vorwärtsmodell sind keine einschränkenden Annahmen über die Wellenausbreitung notwendig. Da das Problem schlecht gestellt (*ill posed*) ist, werden Regularisierungstechniken zur Stabilisierung eingesetzt.

Im Beitrag werden Arbeitsweise und Möglichkeiten des modellbasierten Ansatzes erläutert. Erste Ergebnisse an idealisierten Streuergeometrien in homogenen und heterogenen Festkörpern, die auf synthetischen und messtechnischen Signalen basieren, werden vorgestellt.

Resonanzbasierte Porenerkennung mittels kontaktfreier breitbandiger Ultraschallprüfung

M. Brauns[1], B. Mauel[1], N. Panzer[1], M. Dambaur[2], B. Fischer[1]

1 XARION Laser Acoustics GmbH, Wien, Österreich
2 Airbus Helicopters Deutschland, Donauwörth

Ultraschallprüfung wird für eine große Bandbreite an Bauteilen erfolgreich eingesetzt. Standard-Ultraschall-Prüfmethoden arbeiten dabei mit flüssigen Koppelmitteln, um eine hohe Signal-Bandbreite und räumliche Auflösung zu erreichen. Allerdings ist der Kontakt des Bauteils mit flüssigen Koppelmitteln häufig nicht wünschenswert oder sogar unmöglich. Im Gegensatz dazu stellt konventionelle Laser-Ultraschallprüfung eine kontaktfreie Alternative dar, ist aber sehr abhängig von Reflektivität und Rauheit der Probenoberfläche. Wir stellen eine neuartige, laserbasierte Ultraschall-Prüfmethode vor, die unabhängig von Oberflächeneigenschaften wie Reflektivität und Rauheit funktioniert. Ähnlich wie beim konventionellen Laser-Ultraschall erzeugt ein kurzer Laserpuls beim Auftreffen auf die Probenoberfläche eine breitbandige Ultraschall-Schockwelle. Ein optisches Mikrofon detektiert die in die Luft abgestrahlte Ultraschallwelle mit Hilfe von Laser-Interferometrie. Dieses akinetische Funktionsprinzip (der Sensor besitzt keine beweglichen Teile) führt zu einer sehr hohen Detektionsbandbreite. Sowohl der Anregungslaser als auch das optische Mikrofon sind fasergekoppelt, was eine einfache Systemintegration ermöglicht. Für noch höhere Scangeschwindigkeiten, kann das optische Mikrofon als Array konfiguriert werden. In diesem Beitrag präsentieren wir kontaktfreie Messungen an Bauteilen für Hubschrauber, die aus monolithischem Kohlefaserverbundwerkstoff (CFK) bestehen. Die Bauteile weisen Bereiche unterschiedlicher Porosität auf. Poren im Material führen zu einem Resonanzverhalten und so zu Signalverstärkung bei bestimmten Frequenzen und können erkannt werden, indem nach der Messung Frequenzfilter auf die A-Scans an jedem Messpunkt angewendet werden. Die Detektion dieser Poren-Resonanzen wird durch die breitbandige Anregung und Detektion des Ultraschalls ermöglicht. Porosität im Material kann so vollkommen kontaktfrei mit hohem Signal-Rausch-Verhältnis in Durchschallung detektiert werden, was die vorgestellte Ultraschall-Methode sehr interessant für die industrielle Bauteilprüfung in der Luftfahrt macht.

3D-US-Raytracing mit Augmented Reality

Oliver NEMITZ [1], Robert DEPPE [2]
[1] Salzgitter Mannesmann Forschung GmbH, Duisburg
[2] Hochschule Düsseldorf, Düsseldorf

Kontakt E-Mail: o.nemitz@du.szmf.de

Kurzfassung

Bei einer Ultraschallprüfung kann es hilfreich sein, den Verlauf des Ultraschalls im Prüfstück zu visualisieren. Hierfür haben wir eine Software geschrieben, die für ebene Prüfstücke eine solche Visualisierung mittels Augmented Reality im Videobild eines Tablets vornimmt. Mittels vordefinierter Marker werden die dreidimensionale Position und Orientierung des Prüfkopfes und des Prüfstücks im Videobild erkannt. Daraufhin wird der Schnittpunkt des vom Prüfkopf ausgehenden Ultraschall-Zentralstrahls mit dem Prüfstück berechnet. Unter Berücksichtigung des Gesetzes von Snellius wird dann der weitere Strahlverlauf im Prüfstück für eine einstellbare Anzahl an Reflexionen simuliert.

Das Videobild wird mit dem so berechneten Strahlverlauf überlagert und in Echtzeit aktualisiert. Auf diese Weise erkennt der Prüfer unmittelbar und in einer intuitiven Art und Weise, wie der Schall gerade im Prüfstück verläuft. An den Reflexionspunkten können weiterhin die zugehörigen Schalllaufzeiten eingeblendet werden, um Anzeigen im A-Scan einfacher zuordnen zu können.

Automotive Elektromobilität: Vollautomatische Ultraschallprüfanlage für die Prüfung von Schweißverbindungen an Rotoren von Elektromotoren

Göran VOGT [1], Philipp POLTERSDORF [1]
[1] Vogt Ultrasonics, Burgwedel

Kontakt E-Mail: Poltersdorf@vogt-ultrasonics.de

Kurzfassung

Die Qualität der Schweißverbindungen an Rotoren hat einen extremen Einfluss auf die Energiebilanz des Rotors sowie seiner Funktionalität. Deswegen werden diese zu 100% im Fertigungsprozess geprüft und scharf kontrolliert.

VOGT Ultrasonics GmbH, Burgwedel, hat ein Prüfsystem entwickelt, welches vollautomatisch im 24/7 Betrieb eine 100% Überwachung der Schweißqualität sicherstellt.

Zwei in Umfangsrichtung eingebrachte Schweißnähte sind von beiden Stirnflächen des Rotors aus in einer Taktzeit von weniger als 1 Minute zu 100% des Schweißvolumens inkl. der Wärmeeinflusszone zu prüfen.

Mittels eines Roboters werden die ca. 25 kg schweren rotationssymmetrischen Bauteile auf eine Drehvorrichtung positioniert. Der Schweißnahtbereich ist von unten zugänglich und wird mittels Phased Array Technologie geprüft. Zum Einsatz kommt ein ZETEC Ultraschallgerät in Verbindung mit einem 128 Elemente Prüfkopf sowie einer Ankopplung über Pfützen-Teiltauchtechnik, da die Bauteile nicht getaucht werden dürfen.

Eine Trocknung erfolgt mit Pressluft und positionierten Luftdüsen.

Ein Steuerungsrechner managt die Kommunikation zwischen Ultraschallgerät und Robotersteuerung sowie der Drehmechanik und führt die automatisierte Auswertung der Scans und die Bewertung von Anzeigen durch.

Als Prüfergebnis wird eine Liste mit Anzeigen als auch ein Gesamtergebnis der Fehlerflächen und Anzeigengrößen mit einem Hostsystem kommuniziert und dem Bauteil auf seiner digitalen Laufkarte des Fertigungsprozesses beigefügt.

Es wird aufgezeigt, wie aus einer Idee ein funktionierendes Prüfsystem im Dauerbetrieb entstanden ist.

Qualifizierung für die Prüfung an komplexen Geometrien unterstützt durch iMaV-Software

M. Jahn[1], M. Klotzbücher[1], D. Berchtold[2], A. Weber[1]

1 Framatome GmbH, Erlangen
2 Kernkraftwerk Gösgen-Däniken, AG, Gösgen-Däniken, Schweiz

Im Rahmen der wiederkehrenden Prüfungen im Kernkraftwerk Gösgen (Schweiz) wurden im Jahr 2017 Ultraschallprüfungen der Stutzenanschweißnähte sowie einer bestehenden Anzeige in der Plattierung eines Auslassstutzens des Reaktordruckbehälters (RDB) durch Framatome/Qualicon durchgeführt. Die Prüftechnik und Personal wurde gemäß dem Schweizer Regelwerk HSK B07/d qualifiziert. Die Qualifizierung wurde von der Qualifizierungsstelle ZfP Schweiz (QSt) überwacht und bestätigt. Das Prüfpersonal wurde anhand von Tests an Blind-Testkörpern qualifiziert. Die Qualifikation für die Stutzenanschweißnaht beinhaltete das ganze Schweißnahtvolumen inklusive der inneren und der äußeren Oberfläche. Deshalb mussten für die Qualifikation Testkörper mit Referenzfehlern an den Außen- und Innenoberflächen als auch im Schweißnahtvolumen verwendet werden. Zusätzlich wurde ein Originaltestkörper mit identischer Abmessung und Material analog dem zu prüfenden Stutzen für die Referenzfehler an der Außenoberfläche im Verrundungsbereich verwendet. Auf Grund der Prüfanforderungen und der damit verbundenen Komplexität wurden die geometrischen Ultraschallparameter mittels der Simulation-Software „iMaV" simuliert und ermittelt. Die Prüfung wurde von der RDB-Innenseite aus durchgeführt. Dabei ergaben sich Schallwege von über 800 mm. Bei der Plattierungsanzeige handelte es sich um einen sehr kleinen Bereich der Plattierung am RDB-Austrittstutzen. Der Materialabtrag betrug an dieser Position mehr als 1,0 mm. Das Prüfziel war es, an dieser Anzeige mittels Ultraschall theoretisch mögliche Anrisse im Bereich des Materialabtrages unterhalb der Oberfläche festzustellen. Für die Qualifizierung der Prüftechnik wurde ein originalgetreues Mock-Up der Oberfläche verwendet. Die Personalqualifizierung wurde im Rahmen der Demonstration der Prüfanweisung als ein offener Test durchgeführt.

Anwendung eines Luftultraschall Mess- und Prüfsystems für die algorithmische Signalverarbeitung von hochfrequentem Luftschall für die Qualitätskontrolle von komplexen Oberflächenkonturen im Fertigungsprozess

Hans RIEDER [1], Hanae EL-HAJJAJI [1]
[1] RD Systemtechnik GmbH, Saarbrücken

Kontakt E-Mail: hans.rieder@rd-systemtechnik.de

Kurzfassung

In der industriellen Produktionstechnik stellt die laufende Qualitätsprüfung ein wesentlicher Bestandteil dar. Dafür stehen Sensoren mit den unterschiedlichsten, physikalischen Wirkprinzipien zur Verfügung. Dazu zählen u.a. magnetische-, optische-, röntgentechnische- und ultraschallbasierte Sensoren. Die zerstörungsfreie Werkstoffprüfung und die Medizintechnik verwenden in der Regel hochfrequenten Ultraschall, die Sonartechnik ist eher durch den Einsatz von niederfrequentem Ultraschall geprägt.

Dieser Arbeit befasst sich experimentell mit der Anwendung von hochfrequentem Luftschall für die Qualitätsprüfung von komplexen Freiformflächen. Dem vorliegenden spezifischen Anwendungsszenario liegt die qualitative Überprüfung von Gewindebohrungen zu Grunde. Die Messtechnik basiert auf hochfrequentem, akustischem Schall in der Luft und beschäftigt sich mit der Detektion, Erkennung und Klassifizierung komplexer Oberflächenkonturen und deren fehlerhaften Veränderungen. Im Zeit- und Spektralbereich werden geeignete Signalverarbeitungsalgorithmen entworfen, untersucht, integriert und getestet. Für die spätere Integration der Ergebnisse in den Fertigungsprozess befasst sich diese Arbeit in einem zweiten Schritt mit der Kopplung des Ultraschallmoduls an eine "embedded" WEB-Serverplattform (z.B. Red Pitaya), die Konzeption und den Entwurf der notwendigen Signalverarbeitungsalgorithmen für die Signalverarbeitung und für die Auswertung der Ultraschallsignale.

Verbesserte Ultraschallprüfung komplex geformter Bauteile durch Eis-Kapselung

Bernd KÖHLER [1], Jessica PAFF [1], Martin BARTH [1], Sergey GARTSEV [1]
[1] Fraunhofer IKTS, Dresden

Kontakt E-Mail: Bernd.koehler@ikts.fraunhofer.de

Kurzfassung

Bei der Ultraschallprüfung komplex geformter Bauteile in Immersionstechnik besteht die Herausforderung in der Ultraschallbrechung an der Grenzfläche zwischen dem Immersionsmedium und dem Bauteil. Trifft der Ultraschall-„Strahl" senkrecht auf diese Fläche, sind die Verhältnisse übersichtlich: lediglich die Tiefenlage des Fokus ändert sich. Für schrägliegende Koppelflächen wird es infolge Snelliusschem Brechungsgesetz komplizierter. Bei üblichen Materialien in Wasser variiert das Verhältnis der Ausbreitungsgeschwindigkeiten, in der Optik Brechzahl genannt, zwischen zwei und acht. Deshalb können schon bei geringen Oberflächenwelligkeiten vergleichsweise starke Bildverzerrungen auftreten. Für stärkere Unebenheiten der Koppelfläche kann das Objekt komplett unprüfbar werden.

Die Situation verbessert sich, wenn sich das Objekt in einem Material mit gegenüber Wasser höherer Schallgeschwindigkeit und ebener (zum Strahl senkrechter) Koppelfläche befindet. Der Beitrag diskutiert als eine solche Möglichkeit den Einschluss des Objektes in Eis. Die Brechzahl vermindert sich um einen Faktor 2,5 was die Situation deutlich entspannt. Wir zeigen, dass im Gegensatz zu der üblichen Erwartung der Einschluss von Objekten in Eis praktisch derart spannungs- und blasenfrei erfolgen kann, dass die Objekte mechanisch keinen Schaden nehmen und auch die Ultraschalldämpfung genügend gering bleibt. Erste Versuche zeigen die Schwierigkeiten bei Ultraschallprüfung in üblicher Immersionstechnik und die Verbesserungen, die bei Eiseinschluss erreicht werden können. Es verbleiben Herausforderungen, die abschließend diskutiert werden.

Deutsche Gesellschaft Fuer Zerstoerungsfreie Pruefung (DGZfP)
Max-Planck-Str. 6
12489 Berlin
Germany

ISBN 978-1-7138-4419-8
9 781713 844198

CURRAN ASSOCIATES INC.
proceedings.com

26th Annual International Conference on Mechatronics and Machine Vision in Practice (M2VIP 2019)

Toowoomba, Australia
3-5 December 2019